Santo Armenia

Galilée et Einstein

Réflexions sur la théorie de la relativité général
La Chute Libre des Corps
La forme des corps solides

Préface de
Attilio Sigona

Traduction de
Juan Josafat Pichardo Palma

En couverture
Armenia Pietro, Galilei et Einstein

1

À ma famille: à ma épouse Marinella, à ma fille Gabriella, à mon fils Pietro, et en particulier à ma petite Marta, que a dû endurer l'exubérance de mes pensées en sentant les bizarreries de mes conclusions. Et penser que pendant cette même période, il étudiait la théorie d'Einstein.

A Carmelo Vindigni.

Index

Préface

de ATTILIO SIGONA[1]

L'histoire enseigne que toute nouveauté et innovation dans les règles et dans la vie des hommes sont toujours accueillies avec scepticisme, parfois même avec aversion.

La transition de la conception ptolémaïque géocentrique à quelle copernicienne héliocentrique été un vrai shock pour la science et l'humanité, ainsi que pour les savants bibliques et l'Église. Ça n'a été pas facile faire accepter aussi l'évidence.

L'homme, toutefois, ne semble pas savoir profiter de l'expérience du passé et continue toujours avec obstination à s'opposer aux changements et aux perspectives scientifiques, au conservatisme ne pas toujours justifiable.

J'ai suivi le lancement de ce volume de l'ingénieur. Armenia avec l'humilité de qui n'est pas un expert dans le physique, mais avec la conviction qu'il y avait des éléments théoriques innovants.

Premier le retour de la physique et de la mathématique a la sphère philosophique; un retour que je crois, est nécessaire pour le futur de l'humanité.

En deuxième lieu, l'approfondissement des principes physiques de Galilei sur la chute des corps et l'étude de la forme des corps solides, avec les conséquences pour

---

1   Professeur d'italien, latin et grec et directeur d'école de lycée classique.
     A été élire député dans 12ème législature de la République Italienne et maire adjoint de la municipalité de Pozzallo de 2006 à 2010.

la théorie de la relativité général d'Einstein, ainsi que pour d'autres aspects pratiques (particulièrement la mesure de la masse des corps), ne peut être accueilli avec faveur.

Relevant est avoir réfléchie, observé, déduite, commencé la comparaison. L'auteur ne se limite pas à théoriser; il traduit in formules mathématiques et physiques ses propres considérations.

Avec la modestie qui lui appartient, il ne veut pas appeler des théories, mais seulement des réflexions et des observations.

L'augure est que le monde scientifique se rendre compte que la confrontation seulement peut apporter que des avantages à tous

Galilée devait d'abjurer et finir en prison aussi. Aujourd'hui ils n'ont pas la chance de courir ces risques.

La publication de ce volume constitue une invitation au dialogue scientifique et l'approfondissement que la matière nécessitée pour tous les implications sur la connaissance du cosmos et de ses lois physiques.

L'ing. Armenia ne se sent pas ni un découvreur, ni un scientifique: à surtout reflété et après déduite. Nous croyons correctement.

C'est la deuxième édition d'une premier jamais publié, dont le titre devrait être:

Galilée Galilei et Albert Einstein.
La chute libre des corps.
Peut – être quelque chose été passé inaperçu?
Réflexions sur la théorie de la Relativité Général.

pour comment peut être vérifié aussi avec le vidéo de l'initiative de 30 mai 2017, reporté sur le site youtube.com/watch?v=6Ri_xAms45M, intitulé *Armenia Santo Galilei.*

Maintenant le titre de l'ouvrage est la couverture.

En attendant la publication du premier projet, j'ai développé la nouvelle partie.

Chapitre I

Evolution

Les idées innées de Platon. La force de l'opinion publique.

Le synchronisme de Jung. … Connaître et Souvenir. …

Mauro, mon neveu, m'invite à lire le livre de Fabio Toscano (Sironi Editore): *Le physicien qui a vécu deux fois.*

Motive l'invitation parce - que est une biographie sur le physicien russe Lev Landau, qui est le titulaire des livres de texte de physique sur quelles a étudié dans l'Université d'ingénierie de Catane.
Je m'enrichis aussi de cette expérience: la vie du scientifique d'un côté et la capacité de l'écrivain de l'autre.

Mon neveu me demande d'autre livre de Fabio Toscano: *Le génie et le Monsieur*, «Einstein et Ricci Curbastro, le mathématicien italien que sauvé la théorie de la relativité général».

Je savais qu'Einstein pour la part mathématique de son travail fait usage de la collaboration de spécialistes; ne m'était pas connu que le plus importante e décisive avait été notre italien Gregorio Ricci Curbastro.

Mon neveu me donne encore un autre livre, toujours de Fabio Toscano: La formule secrète: "Tartaglia, Cardano et le duel mathématique qui a enflammé la Renaissance italienne"

« Mauro, ce de Tartaglia je ne peux pas le lire ».

Je Marché. . . Je lis. . . J'écoute de la musique. . . Je lis. . . J'écoute de la musique . . . je marché.

« Mauro, ce de Tartaglia je ne peux pas le lire ».
Je Marché. . . Je lis. . . J'écoute de la musique. . . Je lis. . . J'écoute de la musique . . . en train de marcher je chante... en train de marcher le pensée erre ... Je Marché. . . Je lis. . . J'écoute de la musique...

« Mauro ceci de Tartaglia dans cette période je ne le fais pas descendre ».
Fantastique. . . Je Marché. . . Je lis. . . J'écoute de la musique...
« Mauro pour l'instant, Tartaglia peut rester où il est. Ramenez-moi, au lieu de cela, le génie et le monsieur ».
Je ne lis plus pas. . .
Fantastique ... fantastique ... je réfléchis! ... J'aperçois ... je vois ...

Chapitre II

Conditions Préalables

Réflexions :

a) Le postulat a-t-il sa raison d'être en géométrie, ou même en physique? Albert Einstein, lorsque les postulats sont utilisés par d'autres, les définit comme des dogmes. Vedasi, pour comment rapporté à la page. 162 dans ce livre *L'évolution de la physique* (publié par Universale Bollati Boringhieri), en référence au « dogme mécaniste ». Einstein, utilisant la transformation de Lorentz, il a construit sa théorie de la Relativité restreint (spécial) précisément basé sur deux postulats:

- l'espace est vide;
- la lumière dans l'espace vide se répand toujours avec la même vélocité, indépendamment de l'état de mouvement du corps que l'émet.

La théorie de la relativité restreint de Lorentz (avec éther) avant, o d'Einstein (sans éther) après, s'adaptent dans le chemin – évolution de la physique classique, de laquelle je suis une continuation.

b) quelque chose d'assez différent pour la théorie de la relativité général d'Einstein.

Il (la théorie de la relativité général) repose seulement sur des expériences mentaux d'Einstein, en train de placer à des autres le charge de la vérification expérimental pour déterminer le rejet.

Albert, construit tel théorie sur le budget du *Principe de Galilée Galilei sur la chute libre des corps* (voir ce que a été appris: toutes les corps sont soumis à la même accélération de gravité), en fixant la déchéance de sa théorie à l'éventualité de la disparition de ce principe: sa bonté!

Je réfléchis.

Réflexions: Platon á utilisé le mythe de la grotte pour aller de l'obscurité a la lumière; Einstein, de manière consciente ou inconsciente, plutôt, l'a utilisé pour aller au contraire, de la lumière a l'obscurité: l'observateur externe (que connaît l'extérieur) peut regarder l'intérieur de l'ascenseur ou vaisseau spatial, tandis que l'observateur interne peut regarder seulement à l'intérieur.

Les hommes de la grotte avaient une vision limitée, juste parce – que ne savaient pas de l'existence d'un autre monde externe.

L'observateur interne (Albert), plutôt, tandis sachant de l'existence d'un monde externe, refuse de le regarder.

Je report le *Principe de Galilée Galilei sur la chute libre des corps*: «toutes les corps sont soumis à la même accélération de gravité».

Je souligne: «toutes les corps sont soumis à la même accélération de gravité».

Galileo, comment tous, chose étrange, sauf Einstein, savait toutefois que l'accélération de gravité n'est pas constante mais varié dans chaque lieu sur la terre (avec la latitude, avec la longitude et la hauteur) et avec le passer du temps.

Pour des raisons de commodité, en fonction du domaine d'étude, la valeur approximative de 9,8 est attribuée à un compte.

Que pour faciliter l'apprentissage de la chute libre au mouvement naturellement accéléré se rapproche ($g = 9,8$

m / sec2, s = 1 / 2gt2 ...) le long de la verticale, alors qu'il est bien connu qu'un tel mouvement , même si on veut la considérer, de façon approximative, toujours rectiligne, elle est variée car l'accélération de la gravité est fonction de l'inverse du carré de la hauteur variable de chute lors du mouvement, c'est un compte complètement différent.

Mes réflexions sur la théorie de la relativité général seront faites deux fois:

a) le premier indépendamment de la validité du *Principe de Galilée Galilei sur la chute libre des corps* (voir cinquième partie), donc pour autre motivation; le deuxième juste parce – que le *Principe de Galilée Galilei sur la chute libre des corps* je pense que peut être affecté pour une erreur, résultant de la loi de la gravitation universel d'Isaac Newton, que, spécialement, pour Albert il aurait fallu trouver l'application correcte de sa théorie de la relativité général (voir septième partie).

Malheureusement, au lieu de procéder de manière rigoureuse, Albert transforme les modèles approchés en postulats de la nature, construisant sa théorie de la relativité général et surmontant ensuite la physique classique.

Chapitre III

Observations élémentaires

Mes Reflexions:

L'eau de la rivière n'est jamais la même.
L'air que nous respirons n'est jamais le même.
Tout devient . . . Panta rei.
L'essence de la nature–univers est impénétrable.
L'impénétrable n'est pas mesurable.
La connaissance de la nature-univers (sa description) est toujours une continue approximation.

Pour ce qu'il est donné de savoir, tous le components de l'univers (satellites, planètes, météores, soleil; étoiles; amas de galaxies) ils sont en mouvement, vraiment, car ils sont en orbite, ils sont donc dans différents mouvements.

Tel composants, ensemble à chaque type de construction que l'homme réalise, sont sujets à actions (force).

Il en résulte que le silence et le mouvement rectiligne uniforme, ainsi que le mouvement rectiligne uniformément accéléré, compris comme des concepts absolus, n'existent pas dans la nature.

Aussi le flux du temps n'est pas uniforme.
L'espace (en trois dimensions) est le temps (une dimension), même si conçu dans un sens absolu, selon le bon sens, ils ne doivent pas être perçus comme deux entités distinctes, mais comme une seule entité espace – temps à quatre dimensions (3 + 1).

L'espace – temps, en base a la connaissance qu'aujourd'hui avons, n'est pas Euclidien.

L'espace euclidien est une description approximative consciente de l'espace-temps.

Fait ces observations élémentaires, je réfléchis sur la physique classique, avec particulaire référence a les trois principes de la dynamique, à la loi d'attraction gravitationnelle universelle et à la chute libre des corps avec le conséquent principe de Galilée Galilei.

Chapitre IV

Principes de la Physique classique

Les trois principes de la dynamique :
a) un corps maintient (persévère) le propre statut de calme ou mouvement rectiligne uniforme, jusqu'à ce qu'une force agisse dessus, en train de modifier cet état d'immobilité ou de mouvement rectiligne uniforme;
b) si a un corps de masse m_i (masse inertiel) appliquons une force F le corps acquiert une accélération qui est:

$$a = \frac{F}{m_i};$$

c) à chaque force correspond une réaction égale et contraire.

La loi d'attraction gravitationnelle universelle:

G = constante de gravitation universelle;
m_{g1} ; m_{g2} = masse gravitationnelle des corps;
d = distance entre les corps;

$$F_a = G \frac{m_{g1} m_{g2}}{d^2}$$ = (force d'attraction gravitationnelle).

Le Principe de Galilée Galilei sur la chute libre des corps: «Tous les corps, sur la Terre, indépendamment de la friction de l'air, sont sujets à la même accélération de gravité». Masse inertiel et masse gravitationnelle sont proportionnelle unes aux autres; en base à l'unité de mesure choisie, prennent la même valeur : $m_i = m_g$.

J'invite le lecteur à procéder personnellement aux calculs pertinents; et après, a les confronter avec quelles de quelque texte de physique ou avec quelles des pages d'Internet.

Nous connaissons les hypothèses de calcul pour la Terre: sphéricité; densité constante; influence de la gravité due aux autres corps célestes hors de la terre (lune, météores, soleil, étoiles et galaxies).

Nous devons ignorer uniquement la présence d'air.
Pour faciliter la lecture, j'indique les calculs généralement effectués, fondés sur lesquels le principe de Galilée serait vérifié, sans distinction entre masse inertielle et masse gravitationnelle, car elles sont égales (mi = mg).

L'égalité entre la masse inertielle et la masse gravitationnelle (mi = mg) en définitive, découle de l'expérience du physicien Loránd Eötvös, à partir de laquelle a été obtenue et améliorée une précision de 5x10-9 par la suite de 3x10-14.

G = constante de gravitation universelle;
M_t = masse de la terre;
r = rayon de la terre;
h = hauteur d'essai à partir de la surface de la terre;
m_{pi} = test de masse énième (gravitationnel et inertiel);

$$F_{ai} = G \frac{M_t m_{pi}}{(r+h)^2}$$ = (force d'attraction gravitationnelle);

$$y_i = \frac{F_{ai}}{m_{pi}} - G \frac{M_t}{(r+h)^2}$$ = constante (accélération gravitationnelle).

l'accélération gravitationnelle (chi) est identique pour toutes les masses d'essai, mais varie avec la variation de "h".

Le principe Galileo est vérifié.

Mais ces calculs ne sont pas les miens.

Moi, mes calculs, je les exécuterai dans la sixième partie, dans le corps d'un possible "physique ordinaire".

Chapitre V

Premier réflexions sur la théorie de la relativité général

Tel premier réflexion je vais la faire sans penser dans le principe de Galilée sur la chute libre des corps.

La deuxième réflexion, plutôt, en référence, juste au principe de Galilée sur la chute libre des corps, je vais la faire dans la septième partie.

Comment tout nous savons, dans la Physique classique le mouvement uniforme absolu n'existe pas.

Albert lui-même répète, voir p. 221 de son livre susmentionné: Je ne comprends pas pourquoi il l'oublie lorsqu'il fait ses expériences mentales.
Je l'accompagne également dans ses expériences mentales.
Cette fois, je ne ferai pas qu'écouter ses conclusions.

Avant de partir, tout d'abord, j'ai fait suivre des études spécifiques pour connaitre plus en détail l'attraction gravitationnelle de la terre, à travers d'un réseau de surveillance positionné sur la surface terrestre, à différentes hauteurs, ainsi qu'à différents moments.

Ceci est à souligner le fait que nous sommes en présence d'un espace-temps en quatre dimensions (latitude, longitude, hauteur et temps).

Les études, comment déjà qualitativement bien est savait, ont confirmé que l'accélération de gravité (juste à cause de l'imparfaite sphéricité de la surface terrestre;

d'inhomogénéité de la densité de la masse terrestre; des mouvements de la terre; de l'influence sur le camp gravitationnel terrestre des corps célestes components du système solaire, en particulaire soleil e lune, déjà au niveau macroscopique en relation aux marées, a la chute des météorites), n'est pas constante mais varie avec les coordonnées spatiales et le temps.

Les études ont également donné des résultats sur le principe de Galilée sur la chute libre des corps, ma di c'est, comment déjà dit, parlerai successivement dans la septième partie.

De plus, je demande que tout le matériel scientifique nécessaire soit mis en place, afin de vérifier expérimentalement chaque phénomène à l'étude.

Commençons!

Ça ne dépend pas de moi illustrer la théorie de la relativité général avec les hypothèses sur lesquelles il est basé.

Avant de procéder, le lecteur pourra procéder à toute analyse approfondie qu'il jugera utile.

Pour une extrême simplicité, je signale seulement que la validité d'Albert du principe de Galilée sur la chute libre des corps était nécessaire pour pouvoir dire que, pendant tel chute, de conséquence, les corps entre eux sont au repos (relatif, j'ajoute), donc pas soumis à des forces: la gravité a disparu!

5.1. En ce qui concerne l'expérience d'ascenseur

Rappelons-nous que l'expérience est réalisée en supposant seulement l'absence d'air (semblable à Galilée avec son petit tube).

Pendant ce temps, Albert lui-même ne peut manquer de souligner que la validité du point de vue de l'observateur interne est limitée à la durée de la chute libre.

En plus de tous les différents objets apportés par Albert (mouchoir, montre), j'avais également deux petites sphères en or (par exemple 0,5 décimètres), ainsi que deux autres sphères toujours en or mais de diamètres différents. (Par exemple, l'un ayant un diamètre de 0,3 décimètre et l'autre ayant un diamètre de 10 décimètres).

Tout cela pour pouvoir effectuer des mesures précises, en différence d'Albert que, au lieu de cela, s'en remettait uniquement à son raisonnement, utilisant dogmatiquement le principe de Galilée.

Le câble est coupé à l'ascenseur.
Commence la chute libre verticale.
Ne se considéra pas aucune influence de l'ascenseur sur les corps placés à l'intérieur.

Albert, fait à l'observateur intérieur vérifier que "Aucune force n'agit sur les deux corps (mouchoir et montre), qui restent au repos comme s'ils étaient dans un SC (système coordonné) inertiel ".

Albert, ce n'est – pas que ces objets les voient au repos. Il croit qu'ils sont dans cet état seulement parce – qu'il devrait être valide le principe de Galilée.

Albert le phénomène de la chute libre des corps ne veut pas le voir.

Je ne compris pas, aussi, pour quoi Albert attribue le caractère du SC (système coordonné) inertielle, quand il savait que le mouvement uniforme absolu n'existe pas . . . laissons perdre.

La Physique classique, en train de connaitre ça, fait référence aux étoiles fixé.
Une Sous – section .

Avant de suivir, je presse de faire noter que Fabio, dans ce livre, à l'ascenseur avec le câble cisaille, à la pag. 114, écrit «ne tombent pas, mais fluctuant devant d'elle et non stanno cadendo, ma fluttuano davanti a lei e perseverano, se non li spinge, nel loro stato di quiete o di moto rettilineo uniforme».

Albert, dans le livre, à la page. 225, toujours à l'ascenseur avec un câble cisaillé, rapporte «qui restent au repos comme s'ils se trouvaient dans un SC inertiel».

Pourquoi Fabio rapporte aussi "ou de mouvement rectiligne uniforme"?
Quel peut être le pensée d'Albert, rapportée complète dans le livre de Fabio, o que c'est plutôt l'ajout de Fabio, c'est à lui de clarifier cette situation.

Quels que soient les faits, je pense que la possibilité d'un "mouvement rectiligne uniforme", en plus du calme, ne peut exister.

Nous continuons.
Jusqu'à ce point, j'ai invité Albert à refaire l'expérience deux fois avec les deux paires de sphères séparément.
Concentrons-nous sur les aspects qui se produisent après la coupure du câble de support.
Albert, de manière superficielle, bien qu'il dispose à présent de toute l'instrumentation scientifique nécessaire, sans effectuer de mesure, il déclare à son observateur interne qu'il croit être inertiel, que chaque paire de sphères est à l'état de repos (au moins, nous pouvons maintenant observer des objets. régulier et non, comme il le faisait auparavant, avec le mouchoir et la montre).

À ce stade, avant de faire les mesures nécessaires, en fonction de mes réflexions, je signale à Albert que les deux paires de sphères (considérées une à la fois: la première paire ayant le même diamètre; la seconde paire présentant les deux diamètres) Je ne suis pas au repos (je ne comprends pas pourquoi Albert ne le spécifie jamais, ou peut-être que oui?. Son observateur interne vit dans la grotte), car leur distance mutuelle, lors de la chute libre, doit diminuer, toujours sans tenir compte du principe de Galilée.

Voulant seulement ne considérer que la motion de l'automne libre (vertical), ce mouvement que nous croyons naturellement accélérer du fait d'une approximation consciente (rectiligne à accélération constante), les deux verticales de chacune des deux sphères (pour chacune des deux paires examinées) ne sont pas deux droites parallèles, mais deux droites radial vers le centre de la terre. Par conséquent, avec le passage du temps, pendant lequel se produit la chute libre, la distance réciproque des deux sphères (corde) ou la longueur de l'arc de circonférence (pour chacune des deux paires de référence formées avec les quatre sphères) tend à diminuer. Si l'on considère plutôt une distance constante entre les sphères, il s'agit d'une erreur directement proportionnelle à la hauteur de chute libre, sans toutefois influer sur la distance entre les sphères.

J'ai délibérément négligé l'approche ultérieure des deux sphères, pour chacun des deux couples, en raison de l'attraction mutuelle.

Après ces éclaircissements, Albert approuve mes réflexions; nous effectuons ensemble les mesures qui confirment les résultats analytiques.

Nous sortons de l'ascenseur. Nous disons au revoir.

Je laisse Albert pensivement.

Il me fait comprendre qu'il comprend ce qui suit.

Il s'en va . . . à la recherche de Galilée et d'Isaac. . .

Murmurant. . .

Après cent ans, mais que besoin avait Fabio d'écrire son livre?

Je n'ai pas déjà donne le mérite dû à Ricci Curbastro, pour son système mathématique que j'ai utilisé pour ma théorie général de la relativité?

Je pourrait conclure ici.

Cette réflexion sur la théorie de la relativité général d'Albert Einstein est suffisante pour le réfuter?

Peu importe si cela est dû à l'inefficacité du principe de Galilée sur la chute libre de corps ou à toute autre raison qui y est liée. Mais je continue. Aussi, parce que, quelles que soient les conséquences sur la relativité, je dois réfléchir à où et pourquoi le principe de Galilée sur la chute libre des corps pourrait être affecté par une erreur découlant de la loi de gravitation ultérieure d'Isaac Newton.

5.2. A propos de l'expérience du vaisseau spatial.

Les expériences mentales sont admissibles lorsqu'elles ont leur propre logique et cohérence (élimination de l'air, élimination des frottements, isolation thermique).

Je ne peux vraiment pas voir ce vaisseau spatial.

Tout en admettant cette expérience (commençons), une fois arrivé dans cet espace lointain de l'univers (mais ce que cela signifie n'est soumis à aucun champ gravitationnel appréciable, il est évidemment acquis que sa stricte absence n'existe pas car elle est dans l'univers ...), que fait le vaisseau spatial? Est-ce que ça s'arrête? Se déplace-t-il en ligne droite uniforme? Est-ce que ça bouge avec des mouvements variés? Je ne vois vraiment pas pourquoi le navire devrait être un système inertiel.

Mais allons-y!

En tant que dogme, Albert doit donner l'état d'inertie au vaisseau spatial: il sait que, sinon, il ne pourrait pas continuer.

Est-ce que cela suffit, encore une fois, à réfuter votre théorie général de la relativité?

Mais allons-y!

Alors que la durée de l'expérience d'ascenseur est limitée à celle de la chute libre, l'expérience du vaisseau spatial devient paradoxalement un mouvement perpétuel varié.

Cela seul, pour la énième fois, suffit-il de réfuter sa théorie général de la relativité?

Mais allons-y!

Le vaisseau spatial est soumis à une accélération constante (conformément à son exemple de 9,8 m / seconde) avec un mouvement ascendant. Tous les corps à l'intérieur qui flottaient (Qu'est-ce que cela signifie? Ont-ils erré dans un mouvement chaotique comme les mouvements browniens? Comment sortent-ils de ce chaos pour passer à la prochaine motion et à quelle heure?). Maintenant, ils bougent avec la même accélération constante, mais vers le bas.

Je refuse de penser au mouvement des objets à l'intérieur du vaisseau spatial, à partir du moment où le mouvement commence avec une accélération constante jusqu'à ce qu'ils atteignent le sol, d'où ils sentiraient alors leur poids: je refuse parce que je pense que ce mouvement est impossible.

Précisément parce que les corps sont soumis à une accélération constante, il ne peut y avoir d'équivalence avec le champ gravitationnel de la Terre que nous savons être variable.

Cela seul continue-t-il à suffire à réfuter sa théorie général de la relativité?

Quand la femme vient au sol, "elle ne se sent plus en apesanteur" (poids constant). . .mais il peut très bien "croire qu'il est revenu à son gendre."

Mais comme auparavant, pour maintenir son poids constant, son évaluation est fausse. Les deux alternatives ne sont en aucun cas équivalentes.

Je crois qu'il n'existe pas un tel principe d'équivalence.

Je crois qu'il n'existe pas de système inertiel (également

parce que dans la nature, je ne vois pas comment des systèmes inertiels peuvent exister), immergés dans un champ gravitationnel, ce qui peut être équivalent à un système accéléré dans lequel il n'existe aucun champ gravitationnel.

Je crois qu'il n'y a pas vraiment de mouvement accéléré uniforme (imaginaire), entre autres, il n'y en a aucun dans la nature, qui ne peut jamais être équivalent à un champ gravitationnel (réel) toujours varié.

Jusqu'à présent, la théorie de la relativité général a fait l'objet de réflexions indépendamment du principe de Galileé Galilei sur la chute libre des corps.

Ensuite, dans la septième partie, il fera toujours l'objet de ce qui suit, dans la septième partie, il fera toujours l'objet d'une réflexion spécifiquement en rapport avec l'inéligibilité du principe de Galileé Galilei sur la chute libre de la gravité. Principe de Galileé Galilei sur la chute libre des corps.

Chapitre VI

Physique Ordinaire

Nous sommes dans l'espace-temps à quatre dimensions (3 + 1), où tout est en orbite, donc avec un mouvement varié et avec le flux de temps non uniforme.

De cet espace-temps, à ce jour, nous ne savons pas le début, nous ne pouvons pas connaître la fin.

Des observations élémentaires, voici ce qui suit.

Il n'y a pas de système de référence inertiel.

La théorie de la relativité général d'Einstein, par conséquent, perd sa raison d'être.

Toutes les composantes de l'univers sont en mouvement.

Je remarque que pour la physique classique: la masse inertielle et la masse gravitationnelle sont proportionnelles; en fonction des unités de mesure choisies, ils prennent la même valeur: $m_i = m_g$.

Albert, dans son livre à la p. 46, déclare: «Du point de vue de la physique classique, la réponse est: l'identité des deux masses est accidentelle et ne devrait pas recevoir une signification plus grande».

Albert, au lieu de cela, voir page 115 du livre de Fabio élève «cette identité au rang de postulat, du principe suprême de la nature».

Par conséquent, pour lui, tout doit continuer conformément à ce dogme.

De mon point de vue, pour ce que la science nous dit aujourd'hui, le problème en est un.

Par conséquent, je me demande si le libellé qui suit est cohérent?

Les trois principes de la dynamique:

a) le premier principe peut être formulé en deux parts:

- un corps lié (soumis à un système de forces auto-équilibré) persévère dans son état de calme relatif (à la vue approximative) jusqu'à ce qu'une autre cause extérieure (force) intervienne, ce qui modifie cet état de repos relatif, pour le mettre en mouvement varié;
pour qu'un corps soit transporté par le mouvement varié dans un état de mouvement rectiligne relativement uniforme (à la vue approximative) pendant une partie limitée de l'espace-temps, il est nécessaire qu'il soit soumis à une autre cause extérieure dans cette partie limitée de l'espace-temps (la force);

b) b) le deuxième principe pourrait être formulé en: si on applique une force F à un corps de masse m, le corps acquiert une accélération qui est a = F / m;

c) le troisième principe pourrait rester inchangé.

Chaque action a une réaction égale et opposée.

La loi de l'attraction gravitationnelle universelle:

G = constante gravitationnelle universelle;

m1; m2 = masses de corps;

d = distance entre les corps;

$$F_a = G\frac{m_1 m_2}{d^2}$$ = (force d'attraction gravitationnelle).

Le Principe de Galileé Galilei sur la chute libre des corps: « Les corps, quelle que soit la présence d'air (en vue approximative), ne sont pas soumis à la même accélération de la gravité, mais plus le corps est petit, plus cette accélération est massive».

La validité de ma nouvelle déclaration est prouvée par les calculs analytiques spécifiques ci-dessous, effectués ci-dessous les mêmes hypothèses de la physique classique: la sphéricité; densité constante; aucune influence de la gravité due à d'autres corps célestes en dehors de la terre (lune, météores, soleil, étoiles et galaxies).

Nous devons ignorer uniquement les frictions de l'air.

Je souligne que la masse de la terre (Mt) qui génère la force d'attraction gravitationnelle est telle (Mt) en se référant à la surface de la terre. Dans ce cas, il n'y a pas de masse d'essai séparée de la Terre, placée à une certaine hauteur de la surface de la Terre.

Lorsque, au contraire, nous voulons calculer la force d'attraction gravitationnelle et l'accélération de la gravité qui en résulte, à laquelle est soumis un corps de masse de test test ne fait plus partie de la masse de la Terre car il est placé à la hauteur du point de test. La masse de la Terre qui détermine l'attraction gravitationnelle de la masse testée est donc celle qui vaut:

$$M_{ti} = M_t - m_{pi}.$$

Ne pas déduire la masse testée (mpi) de la masse terrestre (Mt) est une grave erreur, surtout lorsque le principe de Galilée est utilisé pour une nouvelle théorie, comme dans le cas d'Albert pour sa théorie de la relativité général.

C'est tellement évident.

Si bien que pour la force d'attraction universelle entre deux corps, comme indiqué ci-dessus:

G = constante gravitationnelle universelle;
$m1; m2$ = masses de corps;
d = distance entre les corps;

$$F_{a12} = F_{a21} = G\,\frac{m_1\,m_2}{d^2}$$

= (force d'attraction gravitationnelle); les deux masses m1 et m2 sont et doivent être deux masses distinctes.

Il ne peut y avoir une telle masse de preuves (mpi) incorporée dans la masse de la Terre (Mt), comme indiqué à tort dans les calculs de la physique classique.

L'expérience du physicien Loránd Eötvös, sur la base de laquelle l'égalité entre la masse inertielle et la masse gravitationnelle (mi = mg) a été obtenue, est grevée de la même erreur.

Par conséquent, si je distinguais moi aussi les deux aspects de la masse (masse inertiel et masse gravitationnelle), l'égalité mi = mg proposée par Loránd Eötvös n'existerait plus (peu importe l'incidence), avec pour conséquence la non-validité du principe de Galileo Galilei sur la chute libre de corps, comme indiqué dans la physique classique:

« Tous les corps sur terre, indépendamment de la présence d'air, sont soumis à la même accélération de la gravité ».

Le *Principe de Galileo Galilei sur la chute libre des corps* ne s'applique plus, il va sans dire, par conséquence corrélée, que les hypothèses de la théorie de la relativité général d'Albert ne sont plus.

Je pourrais, encore une fois, conclure ici!

Mais comme je l'ai déjà dit, de mon point de vue philosophique, pour ce que la science nous dit aujourd'hui, la matière est un (m = masse).

Et allons-y!

Ensuite se montre le calcul de la force d'attraction gravitationnelle et de l'accélération de la gravité qui en résulte pour les deux masses d'essai m_{p1} e m_{p2}.

Supposons $m_{p1} > m_{p2}$.

Je réalise l'analyse de deux manières différentes :

a) le premier en considérant les deux masses d'essai séparément (c'est la seule analyse faite auparavant);
b) le second considérant les deux masses d'essai simultanément.

6.1. Premier mode: les deux masses séparément :

a) Prémier cas pour m_{p1}

G = constante gravitationnelle universelle;
M_t = masse de la terre;
r = rayon de la terre;
h = hauteur d'essai à partir de la surface de la terre;
m_{p1} = première masse d'essai;
$M_{t1} = M_t - m_{p1}$ = masse de la terre restante;

$$F_{a1} = G\,\frac{M_{t1}\,m_{p1}}{(r+h)^2} = G\,\frac{\left(M_t - m_{p1}\right)m_{p1}}{(r+h)^2} =$$

= (force d'attraction gravitationnelle);

$$g_1 = \frac{F_{a1}}{m_{p1}} = G\,\frac{\left(M_t - m_{p1}\right)}{(r+h)^2}$$ = accélération de la gravité.

b) Deuxième cas par m_{p2}

G = constante gravitationnelle universelle;
M_t = masse de la terre;
r = rayon de la terre;
h = hauteur d'essai à partir de la surface de la terre;
m_{p1} = première masse d'essai;
$M_{t1} = M_t - m_{p1}$ = masse de la terre restante;

$$F_{a2} = G\,\frac{M_{t2}\,m_{p2}}{(r+h)^2} = G\,\frac{\left(M_t - m_{p2}\right)m_{p2}}{(r+h)^2} =$$

= (force d'attraction gravitationnelle);

$$g_2 = \frac{F_{a2}}{m_{p2}} = G\,\frac{\left(M_t - m_{p2}\right)}{(r+h)^2}$$ = accélération de la gravité.

Il en ressort que les deux accélérations de la gravité (g1 et g2) sont différentes (précisément parce que la masse de la terre restante est différente par rapport à chaque nième masse d'essai).

En particulier, comme hypothèses, étant $m_{p1} > m_{p2}$, il en résulte que $(M_t - m_{p1}) < (M_t - m_{p2})$.
Donc, en conclusion on a: $g_1 < g_2$.

Le principe de Galileé Galilei sur la chute libre des corps est rapporté: «Les corps, mis à part la présence d'air (en vision approximative), ne sont pas soumis à la même accélération de la gravité, mais plus gros est le corps plus petit, plus cette accélération».

6.2. Deuxième mode: les deux masses simultanément

L'analyse de la première modalité suffit à elle seule à la vérification du principe de Galilée et à son implication dans la théorie de la relativité général d'Albert.
J'étudie également le deuxième mode pour la complétude de l'analyse.
Je fais d'abord les réflexions suivantes, présentées à l'annexe A.
Je considère trois masses sphériques égales pour les positionner de manière à former un triangle équilatéral.
Bien que les aimants et les charges électriques puissent être blindés, il n'en va pas de même pour les masses.
La gravité ne peut pas être protégée.
Je me promène dans l'univers sans jamais être capable de construire le triangle équilatéral.
Albert, au lieu de cela, aurait encore une fois réussi!?
La science nous dit aujourd'hui que l'univers est issu du "big bang".

Cela étant acquis, je peux donc concevoir qu'avant le «big bang», il puisse y avoir les trois masses sphériques égales positionnées pour former un triangle équilatéral.

De cette façon, par symétrie, les trois masses se déplacent vers l'intérieur, chacune suivant sa propre bissectrice de référence: le mouvement cesse lorsque les trois sphères se touchent.

Ces prémisses servent à mettre en évidence la réaction mutuelle parmi les masses.

Je suis maintenant conscient de pouvoir analyser la chute libre simultané de deux corps ayant des masses différentes ($m_{p1} > m_{p2}$), ainsi que d'étudier le cas particulier des deux masses égales ($m_{p1} = m_{p2}$).

La confirmation d'avoir les deux accélérations égales pour le cas particulier des deux masses égales ($m_{p1} = m_{p2}$), sera la preuve de la qualité de mon analyse.

c) Troisième cas pour $m_{p1} > m_{p2}$ (simultanément):

G = constante gravitationnelle universelle;
M_t = masse de la terre;
r = raggio della terra;
h = hauteur d'essai à partir de la surface de la terre;
m_{p1} = première masse d'essai;
m_{p2} = seconda massa di prova;
$$M_{t3} = M_t - m_{p1} - m_{p2}$$ = masse de la terre restante.

Pour des calculs analytiques détaillés, voir l'annexe B.

Je considère les deux masses d'essai placées à la distance mutuelle "d".

Le triangle isocèle ABC est formé, dont les côtés obliques AC et BC sont les deux segments radiaux (r + h) et la base AB est le segment du côté "d".

Si les deux masses étaient égales, par symétrie, c'est comme si je n'avais qu'un seul corps de masse mp1 + mp2 placé au milieu de l'arc de la circonférence qui sous-tend la base, dont la projection sur cette base est le point H (milieu).

Par conséquent, la résultante des deux forces d'attraction que les deux masses exercent vers la terre se trouve le long de la bissectrice des côtés obliques (segment CH).

Dans le cas général de $m_{p1} > m_{p2}$, c'est comme si je n'avais qu'un seul corps de masse $m_{p1} + m_{p2}$ placé en un point P de l'arc de circonférence qui sous-tend la base; le point de jonction CP coupe cette base au point K, placé plus près de la masse m_{p1}.

Par conséquent, la résultante des deux forces d'attraction que les deux masses exercent vers la terre se trouve le long du CP qui se joint.

De même, la résultante des deux forces d'attraction que la terre exerce sur les deux masses se trouve le long de la jointure CP.

Cette force résultante doit être décomposée en chacune des deux composantes pour chaque masse.

Les calculs analytiques détaillés sont effectués à l'Annexe B, où le cas particulier des deux masses alignées avec la Terre est également traité.

Par conséquent, à l'exception du cas particulier des deux masses alignées sur la Terre, donc avec une différence de 0 °, 180 ° et 360 °, pour l'étude particulière voir l'annexe B, nous avons:

1) pour m_{p1}:

$$F_{a3}(1) = G \frac{M_{t3} \cdot \left(m_{p1} + m_{p2} \right)}{(r+h)^2} \cdot \frac{\sin \left(\gamma_2 \right)}{\sin \left(\gamma \right)} =$$

= (force d'attraction gravitationnelle);

2) pour m_{p2}:

$$F_{a3}(2) = G \frac{M_{t3} \cdot \left(m_{p1} + m_{p2}\right)}{\left(r+h\right)^2} \cdot \frac{\sin\left(\gamma_1\right)}{\sin\left(\gamma\right)} =$$

= (force d'attraction gravitationnelle);
Donc les deux accélérations sont valables:

1)   pour m_{p1}:

$$g_3(1) = \frac{F_{a3}(1)}{m_{p1}} \qquad \text{en remplaçant un a}$$

$$g_3(1) = G \frac{\left(M_t - m_{p1} - m_{p2}\right) \cdot \left(m_{p1} + m_{p2}\right)}{\left(r+h\right)^2} \cdot \frac{\sin\left(\gamma_2\right)}{\sin\left(\gamma\right)} \cdot 1/m_{p1}$$

2)   per m_{p2}:

$$g_3(2) = \frac{F_{a3}(2)}{m_{p2}} \qquad \text{en remplaçant un a}$$

$$g_3(2) = G \frac{\left(M_t - m_{p1} - m_{p2}\right) \cdot \left(m_{p1} + m_{p2}\right)}{\left(r+h\right)^2} \cdot \frac{\sin\left(\gamma_1\right)}{\sin\left(\gamma\right)} \cdot 1/m_{p2}$$

Les deux accélérations de gravité $g_3(1)$ e $g_3(2)$ sont différents.

De manière importante, en raison de l'action mutuelle, les deux accélérations de la gravité $g_3(1)$ et $g_3(2)$ sont différentes, à la fois pour la déduction des deux masses d'essai m_{p1} e m_{p2}, ainsi que pour la dépendance des valeurs des angles γ_1 et γ_2.

Pour le cas particulier de $m_{p1} = m_{p2}$, soit $\gamma_1 = \gamma_2$, les deux accélérations $g_3(1)$ et $g_3(2)$ sont égales.

En général, selon l'hypothèse, étant mp1> mp2, il ressort des calculs analytiques détaillés à l'annexe B que:

$$g_3(1) < g_3(2).$$

Cette conclusion est encore plus nette si nous prenons également en compte l'effet de l'attraction mutuelle entre m_{p1} et m_{p2}, contribution que, pour simplifier les calculs, j'ai délibérément négligé pour les cas généraux.

Le principe de Galileo Galilei sur la chute libre des corps est rapporté: «Les corps, mis à part la présence d'air (en vision approximative), ne sont pas soumis à la même accélération de la gravité, mais plus gros est le corps, plus cette accélération».

Pour que l'étude soit complète, je remarque que le cas général de plusieurs masses à la fois, quel que soit leur agencement (sur un seul plan vertical; sur autant de plans verticaux), peut être résolu comme c'est le cas avec deux masses seulement.

Nous trouvons d'abord le centre de gravité de toutes les masses où elles concentrent leur masse totale.

Ensuite, la résultante des forces d'attraction exercées par les masses vers la terre est calculée.

Le résultat correspondant des forces d'attraction que la terre exerce sur les masses doit être décomposé en chacune des composantes de chaque masse.

Nous considérons donc la première masse et celle constituée par la somme des masses restantes, pensée appliquée au centre de gravité relatif.

On retrouve donc le premier composant et le composant de la résultante des masses restantes.

À plusieurs reprises, tous les autres composants sont trouvés.

Par conséquent, les accélérations pour chaque masse peuvent être calculées.

En comparant les expressions obtenues, qui sont évidemment toutes différentes les unes des autres, par analogie, on a pour

$$m_{pi} > m_{pi+1},$$

donc

$$g_3(i) < g_3(i+1).$$

Une fois de plus, *le principe de Galileé Galilei sur la chute libre des corps*, est rapporté: «Les corps, mis à part la présence d'air (à une vue approximative), ne sont pas soumis à la même accélération de la gravité, mais plus gros est le corps petit une telle accélération».

Je n'essaie pas d'étudier la chute libre à la surface de la Terre.

Aux autres la tâche.

Je confirme intuitivement ma description approximative: «Les corps, mis à part la présence d'air (en vision approximative), ne sont pas soumis à la même accélération de la gravité, mais plus le corps est petit, plus cette accélération est massive».

Chapitre VII

Deuxième réflexion sur la théorie de la relativité général.

Dans la cinquième partie, j'ai traité la première réflexion sur la théorie de la relativité général.

Maintenant, je dessine la deuxième réflexion, avec une référence exclusive au *Principe de Galileé Galilei sur la chute libre des corps.*

Comme je l'ai souligné dans la sixième partie précédente, ce principe: «Tous les corps sur Terre, quelle que soit la présence d'air, sont soumis à la même accélération de gravité» est entaché d'une erreur grave.

De plus, comme j'ai déjà eu l'occasion de le souligner dans la deuxième partie, je rapporte ce qui suit:

a) a) l'accélération de la gravité n'est pas constante mais varie en tout point de la terre (avec la latitude, la longitude et l'altitude) et avec le passage du temps;

b) le principe de Galilée n'envisage pas la constance de l'accélération de la gravité (constance ajoutée, arbitrairement, par Albert, mais que la physique classique n'utilise qu'à des fins didactiques);

c) en examinant la chute libre, Galilée n'a posé aucune condition restrictive concernant la position réciproque des corps (donc pour toute valeur de, voir l'annexe B).

La théorie de la relativité général d'Einstein, qui a déjà fait l'objet de mes réflexions pour d'autres raisons, est maintenant pour la deuxième fois parce qu'elle ne présuppose plus la validité du principe de Galilée de Galilée sur la chute libre des corps.

La grotte a été éliminée.

Un seul observateur qui observe la chute libre des corps, à la fois du point de vue externe et du point de vue interne, n'observe qu'un seul phénomène: la chute libre des corps.

Ceci, comme déjà mentionné ci-dessus, pour une double raison:

a) première raison: la chute des corps est dans la direction verticale qui est radiale, un aspect jamais considéré par Albert;

b) deuxième raison: la chute de chaque tombe se produit avec une accélération différente selon les masses, en raison de la non-validité du principe de Galilée.

De cette manière, le présupposé sur la non-validité de la théorie général de la relativité, comme le rapporte également Fabio dans son livre sur p. 115 (ou d'Albert dans ses livres), "Cependant, Einstein nous avertit: si un seul objet tombe dans le champ gravitationnel de manière différente de tous les autres, alors, grâce à lui, un observateur pourra s'apercevoir qu'il est dans un champ gravitationnel et qu'il y tombe" a eu lieu! Albert, comme on peut le voir à la lecture de ce qu'il a écrit dans son livre (voir page 231), qui apparaît ci-dessous: "Les fantômes" mouvement absolu "et" inertie absolue SC (système de coordonnées) "peuvent être chassés par la physique.

La construction d'une nouvelle physique relativiste devient ainsi possible "" Je pense qu'il a maintenu un comportement qui n'était pas adapté à ses prédécesseurs, en particulier à Newton.

Comme nous l'avons vu, le troisième principe de la dynamique est resté inchangé.

Mais nous ne l'appliquerons pas. Et nous le saluons.

Bonjour Albert, et nous vous remercions également pour ce que vous avez déjà fait pour la physique.

Considérations et mes réflexions.

Albert avec sa théorie voulait atteindre deux objectifs:

a) premier objectif: ne pas avoir de référentiels privilégiés, inertiels;

b) deuxième objectif: avoir une physique relativiste.

La réalisation de ces objectifs l'a retiré de toute observation élémentaire.

Je pensais pouvoir éliminer une prérogative de la matière, celle de l'attraction gravitationnelle.

Mais comment aurait-il pu ne pas remarquer la preuve des faits?

a) *Premier fait: il n'y a pas de systèmes de références privilégiées, car ils sont tous non inertiels.*
b) *Deuxième fait: l'espace–temps "ordinaire" est déjà relative et a quatre dimensions.*

Chapitre VIII

La forme des corps solides

8.1. Pour la théorie de la relativité général d'Albert Einstein

Dans cette section, je souhaite analyser les effets inertiels et gravitationnels sur les corps "solides", en se référant à leur forme, constitués de la même quantité de matière (même masse) mais de substances différentes (par exemple: uniquement du platine et du bois).

J'évaluerai les conséquences, en me référant particulièrement à celles de la théorie de la relativité général d'Albert Einstein.

Les corps auront la même forme, donc ce sont des solides similaires.

Je considère une certaine quantité de kg de masse de platine sous forme de rayon sphérique R_p.

Je considère la même quantité de kg de masse de bois, toujours sous forme de rayon sphérique R_l.

Pour que la densité du platine (d_p = 21450 kg/m^3) soit supérieure à la densité du bois (d_l = 800 kg/m^3): $d_p > d_l$, le volume de la sphère de platine (V_p) sera inférieur à celui de la sphère de bois (V_l): $V_p < V_l$ et, par conséquent, le rayon de la sphère de platine (R_p) sera inférieur à celui de la sphère du bois (R_l): $R_p < R_l$.

J'effectue la pesée de la sphère de platine et de la boule de bois avec une balance placée à la surface de la terre.

Souvenons-nous toujours dans un laboratoire en l'absence d'air; cette fois-ci pour annuler également les effets vers le haut de la poussée d'Archimède.

La sphère de platine aura un poids plus grand que la sphère de bois.

C'est parce que pour être $R_p < R_l$, la distance entre le centre de masse de la sphère de platine (D_p) et la surface de la terre (où l'échelle est placée), donc depuis le centre de la terre, est inférieure à la distance du centre de masse de la sphère de bois (D_l) de la surface de la terre, donc du centre de la terre.

Par conséquent, la force d'attraction gravitationnelle à laquelle la sphère de platine est soumise (poids de la sphère de platine) est supérieure à la force d'attraction gravitationnelle à laquelle la sphère de bois est soumise (poids de la sphère de bois); conclusion:

Poids de la balle en platine> Poids de la balle en bois.

Cette particularité de poids différents pour des corps constitués de substances différentes, bien que de même masse, mais constitués de formes solides similaires, ne se manifeste pas si les corps sont constitués de formes solides différentes, mais afin d'avoir la même distance de leur centre de gravité du corps à la surface de la terre.

Dans le cas d'un corps unique, constitué de forme sphérique, de polyèdre régulier ou de cylindre équilatéral (diamètre du cercle de base égal à la hauteur), son poids ne varie pas avec le changement de la surface de support (pour le polyèdre régulier et pour le cylindre équilatéral) ou le point de contact (pour la sphère) ou la hauteur de contact (pour le cylindre équilatéral), car le changement de position ne modifie pas la distance entre son centre de gravité et la surface de la terre.

Toujours dans le cas d'un corps unique, mais non constitué ni sous forme sphérique, ni sous la forme d'un polyèdre régulier, ni sous la forme d'un cylindre équilatéral (diamètre du cercle de base égal à la hauteur), je considère par exemple un parallélépipède de platine, à la place , son poids varie avec le changement de la pose du support, car avec le changement de position, la distance de son centre de gravité varie de la surface de la terre, donc du centre de la terre.

Enfin, je considère la même quantité de masse de la même substance (par exemple du platine) constituant trois corps de formes différentes, de manière à ne pas avoir la même distance de leur centre de masse corporelle à la surface de la Terre: le premier sous forme sphérique, le deuxième sous la forme d'un cylindre équilatéral et le troisième sous forme cubique.

Cette distance du centre de masse, en considérant pour simplifier une quantité de masse telle que le rapport entre masse et densité soit de 1 (d'où unité de volume: M / d = V = 1), est:

a) Pour la sphère ($V = 4 \times 3{,}14\, r^3 / 3 = 1$):
$r = (3/(4x3{,}14))^{1/3} = 0{,}62$;
$D_s = r = 0{,}62$;

b) Pour le cylindre équilatéral ($V = 3{,}14\, d^3 /4 = 1$):
$d = (4/3{,}14)^{1/3} = 1{,}08$ $r = d/2 = 1{,}08/2 = 0{,}54$;
$D_{cil} = r = 0{,}54$;

c) Pour le cube ($V = l^3 = 1$):
$l = 1^{1/3} = 1$ $l/2 = 1/2 = 0{,}5$;
$D_c = l/2 = 0{,}5$.

Il s'ensuit que:
$$D_c < D_{cil} < D_s.$$

Par conséquent:

Poids du cube> Poids du cylindre> Poids de la sphère

Cet effet continue d'être de plus en plus accentué, de plus en plus, pour les plaques, les dalles, les membranes et les films.

De plus, cet effet augmente lorsque la densité du corps considérée diminue.

En conclusion, bien qu'en présence de la même quantité de masse, les effets gravitationnels sur les corps varient si:

  a) pour différentes substances (exemple: le platine et le bois conservent leur forme fixe (solides similaires);

  b) ils n'ont pas de forme régulière (ni forme sphérique, ni forme polyèdre régulière, ni forme cylindrique équilatérale);

  c) pour la même substance, la forme est telle que la distance entre le centre de masse et la surface de la Terre varie.

Cette variation est de plus en plus accentuée à mesure qu'elle augmente de la masse des corps considérés.

Les effets gravitationnels sur les corps sont influencés par leur forme.

Tous les corps, constitués de la même quantité de masse, quelle que soit leur forme, soumis à la même force, acquièrent la même accélération.

Par conséquent, les effets d'inertie sur les corps ne sont pas influencés par leur forme.

J'analyse maintenant la deuxième expérience de pensée d'Albert (voyage du vaisseau spatial pour atteindre une zone de l'espace lointain de l'univers); Je réitère toutes les observations déjà faites précédemment dans la cinquième partie.

Dans le vaisseau spatial, j'ai également apporté deux sphères, l'une en platine et l'autre en bois, de même masse; deux parallélépipèdes de platine ayant la même masse (de commodité différente de celle des deux sphères) et ayant les mêmes dimensions, mais disposés par exemple orthogonaux les uns aux autres, ou dans toute autre direction entre eux qui n'est pas le parallèle;

ainsi que trois corps en platine de masse égale (cette masse, encore par commodité, différente de celle des deux sphères de platine et de bois et de celle des deux parallélépipèdes), la première de forme sphérique, la seconde de forme cylindrique équilatérale et le troisième sous forme cubique.

Lorsque le vaisseau commence avec une accélération constante g, à partir du premier moment (lorsque le plancher du vaisseau touche les corps), pendant toute la durée pendant laquelle le vaisseau accélère avec g constant, il n'y a pas d'équivalence entre les effets ceux inertiels et gravitationnels.

En fait, maintenant tous les corps, pour avoir la même masse (le couple des deux sphères; les deux parallélépipèdes; la triade composée de la sphère, du cylindre équilatéral et du cube) en raison de l'effet d'inertie de l'accélération g, présentent le même poids (F_a = force apparente):

$$P_{\text{sphère}} = F_a = m_{\text{sphère}}\, g;$$

$$P_{\text{parallélépipèdes}} = F_a = m_{\text{parallélépipèdes}}\, g;$$

$$P_{\text{sphère}} = P_{\text{cylindre équilatéral}} = P_{\text{cube}} = F_a = m_{\text{sphère}}\, g = m_{\text{cylindre équilatéral}}\, g =$$
$$= m_{\text{cube}}\, g.$$

Contrairement à l'effet gravitationnel qui, comme indiqué précédemment, se manifeste pour des corps de même masse (les deux sphères, l'une en platine et l'autre en bois, de même masse; les deux parallélépipèdes de platine ayant la même masse et le mêmes dimensions, mais disposées orthogonalement les unes aux autres, ainsi que les trois corps de platine de masse égale, le premier de forme sphérique, le second de forme cylindrique équilatérale et le troisième de forme cubique) de poids différents.

Par conséquent, l'observateur interne, notant que les corps décrits ci-dessus (les deux sphères, l'une en platine et l'autre en bois, de même masse; les deux parallélépipèdes en platine de même masse et de mêmes dimensions, mais disposées orthogonalement l'autre, ainsi que les trois corps de platine de masse égale, le premier de forme sphérique, le second de forme cylindrique équilatérale et le troisième de forme cubique), présentent tous le même poids (P $_{sphères}$; P $_{parallélépipèdes}$; P $_{sphère}$, P $_{cylindre\ équilatéral}$, P $_{cube}$), conclut que le système de vaisseau spatial (avec tous les corps qu'il contient) n'est pas injecté dans un champ gravitationnel, mais qu'il accélère.

Il n'y a pas d'équivalence entre le mouvement uniformément accéléré et le champ gravitationnel.

La gravité n'est pas une entité relative.

La gravité est une entité absolue.

Ces observations supplémentaires sur la théorie de la relativité général d'Albert Einstein sont-elles, encore une fois, suffisantes pour la réfuter?

8.2. Pour le principe de Galilée Galilei

Dans cette section, comme dans la section précédente B.1, je souhaite analyser les effets inertiels et gravitationnels sur les corps "solides", en se référant à leur forme, constitués de la même quantité de matière (même masse) mais de substances différentes exemple: uniquement platine et uniquement bois).

Maintenant, je vais évaluer les conséquences, en me référant au principe de Galileo Galilei sur la chute libre de corps (instant initial) jusqu'à la conclusion de cette chute libre sur la surface de la terre.

L'étude que j'ai réalisée au chapitre 6 précédent, faisant référence au principe de Galileo Galilei sur la chute libre des corps «Les corps, quelle que soit la présence d'air (à la vue approximative), ne sont pas soumis à la même accélération de la gravité, mais plus il est massif le corps mineur est cette accélération ", ne traitant que l'instant initial de ce phénomène, il n'est pas influencé par l'analyse de cette section.

L'étude de cette section concerne le cas particulier de corps de même masse, de substances différentes (par exemple: uniquement du platine et du bois), de forme sphérique, de polyèdre régulier ou de cylindre équilatéral.

Cette étude concerne également le cas particulier des corps ayant la même masse et la même substance, dont les formes ne sont ni sphériques, ni polyédriques régulières ni celles d'un cylindre équilatéral, mais de toute autre forme, par exemple celle de deux parallélépipèdes.

Disposés de manière orthogonale entre eux.

Ci-dessous, de manière synthétique, je n'effectuerai l'étude que pour deux corps de même masse et de substances différentes (exemple: uniquement du platine et du bois uniquement) et réalisés sous forme sphérique.

La chute libre des deux sphères commence quand elles ne sont pas contraintes; il cesse quand ils touchent la surface de la terre.

Il y a donc quatre quantités à observer pour les deux corps:

1) distance du centre de masse du corps à la surface de la terre;
2) hauteur de chute du corps;
3) la vitesse de chute finale du corps;
4) temps de chute du corps.

Pour la sphère de platine (rayon de la sphère r_p):

1) distance du centre de masse = D_p;
2) hauteur de chute = $h_{cp} = D_p - r_p$;
3) vitesse finale = V_p;
4) temps de chute = t_p.

Pour la sphère en bois (rayon de sphère r_l):

1) distance centre de masse = D_l;
2) hauteur de chute = h_{cl} = $D_l - r_l$;
3) vitesse finale = V_l;
4) temps de chute = t_l.

Je note que pour être rp <rl est: hcp> hcl.

À l'instant initial, les deux sphères pour avoir la même masse, à la même distance du centre de la Terre, sont soumises à la même accélération de la gravité: elles ont le même poids initial.

Instant par instant, pendant de la chute libre, les deux sphères, sur le même tronçon de chute, ont la même augmentation d'accélération de la gravité et la même vitesse instantanée: elles ont le même poids instantané.

Après le temps t_l, la sphère en bois, ayant touché la surface de la terre, cesse sa chute libre pour atteindre la vitesse finale V_l.

La sphère de platine, par contre, poursuivra sa chute jusqu'au temps suivant t_p ($t_p > t_l$), atteignant sa vitesse finale V_p ($V_p > V_l$).

Par conséquent, deux corps de même masse, mais constitués de substances différentes, de forme sphérique, placés à la même distance du centre de la surface de la Terre, bien que soumis à la même accélération de la gravité, ont des valeurs différentes pour les trois quantités restantes (hauteur de chute, vitesse finale, temps de chute) définissant le phénomène de chute libre étudié par Galileé Galilei.

Cette diversité des valeurs caractéristiques des grandeurs du phénomène de chute libre de corps est encore plus accentuée dans le cas particulier où la sphère de platine, à l'instant initial, est placée avec son centre de masse à une distance de la surface de la terre égale à rayon de la sphère en bois (r_l).

Dans ces conditions, la sphère en bois, étant placée à la surface de la terre, n'est soumise à aucune chute libre ($h_{cl} = 0$): elle aura un certain poids.

La sphère de platine, par contre, est sujette au phénomène de chute libre dont la hauteur de chute est:

$$h_{cp} = rl - r_p.$$

À la fin de la chute, la sphère de platine aura un poids final supérieur à celui de la sphère en bois.

Nous avons commencé par le *Principe de Galileé Galilei sur la chute libre des corps* dans la version désormais obsolète: «Tous les corps sur Terre, quelle que soit la présence d'air, sont soumis à la même accélération de la gravité»; pour arriver à la conclusion actuelle (de manière approximative), que j'appelle "le principe des Galiléens généralisés": «Ils sont soumis à la même accélération de la gravité, avec l'égalité de toutes les quantités nécessaires pour décrire le phénomène de la chute libre de corps sur Terre , seuls les corps de même substance (même densité) ayant la même masse et la même forme».

L'étude du phénomène de la chute libre dans son ensemble implique de la même manière un approfondissement de l'équilibre entre l'énergie potentielle et l'énergie cinétique.

Par exemple, pour les deux sphères de platine et de bois de même masse placées à la surface de la terre.

Pour les deux sphères, le travail nécessaire pour les amener à la même énergie potentielle (même distance de leur centre de gravité à la surface de la Terre) n'est pas le même (celui de la sphère de platine est supérieur à: $h_{cp} > h_{cl}$).

De même, l'énergie cinétique à la fin de la chute n'est pas la même (celle de la sphère de platine est plus grande, toujours pour être: $h_{cp} > h_{cl}$).

Le principe de conservation de l'énergie est observé.

8.3. Pour mesurer la masse des corps

Dans cette section, je souhaite analyser les conséquences des mesures de masse de corps, en se référant à leur forme, présentant toujours les mêmes caractéristiques que celles décrites dans la section précédente B.1: des corps non constitués ni sous forme sphérique, ni sous forme de polyèdre régulier, ni forme de cylindre équilatéral.

Je réalise des mesures avec une échelle de haute sensibilité placée à la surface de la terre.

Souvenons-nous toujours dans un laboratoire en l'absence d'air; cette fois toujours pour annuler même les effets vers le haut de la poussée d'Archimède.

La masse corporelle est mesurée comme indiqué par les textes de physique en vigueur, avec l'échelle à bras égaux, avec l'échelle analogique et avec l'échelle numérique.

Dans le système international, l'unité de mesure de la masse fondamentale est le kilogramme qui, par définition, est la masse de l'échantillon cylindrique équilatéral (avec $d = h = 3,9$ cm) de platine-iridium conservé au Bureau International de Poids et Mesures, Sèvres, Paris.

L'une des trois formes particulières choisies (sphère, polyèdre régulier, cylindre équilatéral) était-elle constituée de corps solides, de cylindres équilatéraux, précisément parce que la distance entre son centre de gravité et la surface de mesure ne changeait pas avec la variation de la pose du support?

Avec des mesures effectuées sur des corps dont les formes ne sont pas sphériques, régulières ou polyédriques ou celles du cylindre équilatéral, les mesures effectuées donnent des valeurs différentes.

Comme nous l'avons vu à la section B.1, le poids du corps varie en fonction de la pose du support.

La masse du corps ne peut pas varier.
Ces différentes mesures montrent simultanément deux erreurs:

1) on pense à mesurer la masse (qui ne devrait pas varier), mais on mesure plutôt le poids (qui doit varier);

2) on effectue une mesure qui a en soi une erreur systématique, celle de ne pas avoir pris en compte l'influence de la pose du support.

Les mesures effectuées par la science, pour les utilisations les plus disparates, sont-elles grevées par ces erreurs?

Ces considérations, liées à l'étendue de la poussée d'Archimède (SA) qui se pose pour les corps immergés (P = poids corporel), soulignent le fait qu'il est correct de comparer SA à P:

SA> P Corps flottants;
SA = P corps en équilibre;
SA <P corps coule.

Il n'est pas correct, au contraire, de comparer la densité du fluide (D_f) à la densité du corps (D_c):

D_f> D_c corps flotte;
D_f = D_c corps en équilibre;
D_f <D_c corps coule.

En effet, si le corps ne présente pas l'une des trois formes "régulières" (sphère, polyèdre régulier, cylindre équilatéral), la position du corps immergé varie, le poids du corps varie alors que le volume du liquide déplacé est égal à celui du corps immergé, et donc la valeur de la poussée ne varie pas (pour simplifier, pensez au parallélépipède en position horizontale et verticale).

N.B. Pour être complet, voir maintenant les études ultérieures présentées dans mon deuxième livre "Archimedes".

Il ne m'appartient pas de construire un équilibre de précision pour mesurer la masse des corps solides, quelle que soit leur forme.

Si les buts l'exigent, pour effectuer des mesures de haute précision de la masse de corps solides, je penserais à une mesure indirecte de la masse obtenue à partir du rapport entre le poids du corps et l'accélération de la gravité (poids et accélération), tous deux mesurés avec un instrument particulier, dont le prototype pourrait être constitué dans les lignes essentielles par:

1) balance de haute précision pour la mesure du poids;
2) capteur GPS pouvant également fournir l'accélération de la gravité terrestre locale, avec la hauteur instrumentale relative;
3) des instruments appropriés capables de mesurer la distance entre le centre de gravité du corps et le plan de pesée;
4) lecteur numérique de mesure de masse indirecte:
$$m = \frac{P}{g}.$$

En plus, lorsqu'on utilise la balance hydrostatique pour déterminer la densité des corps, il convient de noter qu'il est nécessaire de réaliser un échantillon de ce corps sous l'une des formes "régulières" (sphère, polyèdre régulier, cylindre équilatéral).

Conclusions

La validité du *Principe de Galileé Galilei sur la chute libre des corps* (en l'absence d'air, tous les corps sont soumis à la même accélération de la gravité) repose sur l'équivalence entre masse inertielle et masse gravitationnelle.

La théorie de la relativité général d'Albert Einstein supposait la validité du principe de Galileé Galilei.

Physiciens, à partir d'environ 300 ans, de Newton (cox 1×10^{-3}) à aujourd'hui (expérience du physicien Loránd Eötvös, à partir duquel une précision de 5×10^{-9} a été obtenue et améliorée par la suite en 3×10^{-14}; sans tenir compte du préparatifs de la NASA pour atteindre la précision de 1×10^{-18}) ont conduit leurs expériences à déterminer plus précisément l'égalité numérique des deux masses (inertielle et gravitationnelle).

Albert, selon son style, a transformé cette identité en un dogme physique.

Au cours du présent travail, négligeant toujours les mesures séculaires des physiciens pour vérifier l'identité entre masse inertielle et masse gravitationnelle, j'ai réfuté trois fois la théorie de la relativité d'Albert:

a) effet radial de la chute verticale des corps;
b) manque de validité du principe de Galileo Galilei sur les corps en chute:
    - premier mode: les deux masses séparément;
    - deuxième mode: les deux masses en même temps (action mutuelle mutuelle);
c) a) l'influence de la forme des corps solides qui détermine le caractère absolu de l'attraction gravitationnelle due à la non-équivalence entre le mouvement uniformément accéléré et le champ gravitationnel.

Ci-dessous (voir l'ANNEXE C), j'ai également présenté les études présentant les incidences relatives, dont les magnitudes sont bien supérieures à la précision de 3x10-14 atteinte par les physiciens pour l'identité entre masse inertielle et masse gravitationnelle, dont les mesures devrait être examiné à la lumière de mes observations:

a) déduction des masses d'essai de la masse de la Terre;
b) *effet d'attraction mutuelle mutuelle;*
c) *l'influence de la forme des corps solides*

    Ceci est ma contribution.
Merveilleuse "Maieutica".

Dialogues

Maître, maître.
Qu'est-ce que Lorand?
Avez-vous entendu parler des réflexions de cet éminent Ulysse?
Je sais et je le vois!
Moi et mon équipe, dans cent ans, quel effort pour montrer l'identité entre la masse inertielle et la masse gravitationnelle.
Même la NASA poursuit ses efforts pour atteindre une précision encore plus grande. En effet, Isaac en la matière a identifié deux aspects, les aspects inertiel et gravitationnel et, même Ernst, distingue la masse gravitationnelle en actif et passif. Tout cela pour soutenir l'identité des différents aspects de la masse, afin de garantir la validité du principe de Galilée et de permettre à Albert de développer sa théorie.
Bien, Lorand?

Mais en tant que maître? Comment est-il possible qu'Odysseus, uniquement avec la maïeutique Your Art, montre d'abord l'inefficacité du principe de Galilée et ensuite, avec l'étude de la forme des corps solides, fait tout le reste?

Loránd, que veux-tu que je te dise?
Maître, maître.
Qu'est-ce qu'Aristote?

Pendant des siècles, on a suggéré ce que je n'ai jamais dit. Je savais déjà qu'il suffisait de changer la forme des corps légers pour les faire tomber, grosso modo, comme des corps lourds. J'apprécie la réflexion.

Maître, maître.
Qu'est-ce que Isaac? Et arrêtez de m'appeler maître!
Rien. Tant pis. Je suis d'accord J'apprécie la réflexion. Et vous Galilée?. Je m'associe.
Socrates, Socrates.
Eh bien Archimède, qu'est-ce qui ne va pas?
Enfin mon principe revient aux origines. Mais pourquoi Ulysse ne clarifie-t-il pas tout?
Ce n'est pas à Ulysse de se démêler. . Aux autres le fardeau.
Socrate: Qui est Ulysse?
Ulysse est celui qui, avec ses recherches, grandit et embellit sa personne même pour les autres.

Èpilogue

La singularité de la pensée d'Albert Einstein est résolue.

La connaissance de la physique est à nouveau disponible pour tous.

La philosophie, dans ses aspects gnostique, moral, théologique et métaphysique, se réapproprie ses prérogatives.

Atome = indivisible

Conclusion moderne: les anciens avaient tort.

Atome = ne pas le diviser.

Les sages qui connaissaient et voyaient donnaient un impératif qui restait sans réponse.

Pour Gandhi, résoudre les problèmes n'était pas la fin, mais le moyen d'améliorer les hommes.

En conscience, nous avons tendance à nous améliorer et à nous libérer du contrôle du désordre.

Annexe A

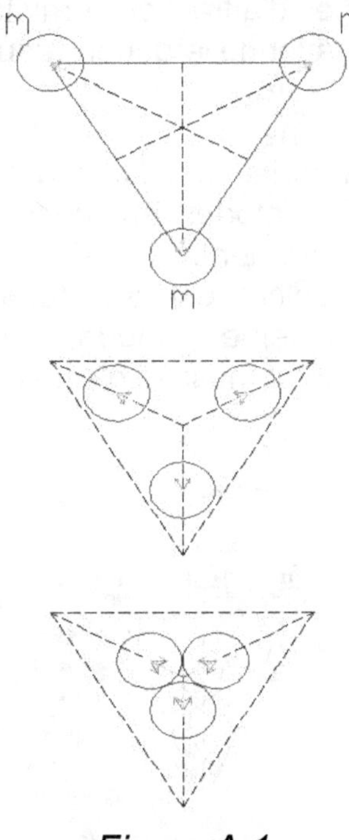

Figure A.1.

Annexe B

Calcul de la force d'attraction gravitationnelle et de l'accélération gravitationnelle qui en résulte pour les deux masses d'essai m_{p1} e m_{p2}.

Hypothèser $m_{p1} > m_{p2}$.

Dans la sixième partie, le calcul a déjà été effectué par rapport au premier mode, en considérant les deux masses d'essai séparément.

Maintenant, le calcul est entièrement effectué par rapport au deuxième mode, en considérant simultanément les deux masses d'essai.

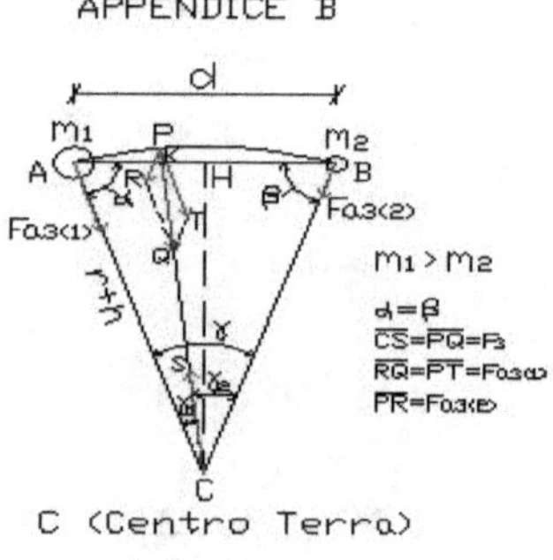

Figure B.1.

Deuxième mode: les deux masses simultanément.

Les calculs correspondants, étant déjà dans le domaine public (pour transmission à l'Institut national de physique nucléaire de Rome), peuvent être consultés sur mon site web: www.armeniasanto. Toutes les expériences réalisées sont rapportées sur ce site.

Annexe C

Effet radial de chute verticale

D'après le calcul précédent de la figure B.1 de l'annexe B (triangle isocèle ABC):

a)

$$\sin\left(\wp/2\right)=\frac{AB/2}{r+h}$$

b) la nouvelle distance AB (A'B ') à la fin de la chute;
c) le rapport AB / A'B'.

Le tableau C.1 indique que la valeur de ce rapport ne varie pas avec la variation de la distance AB; il varie toutefois proportionnellement à la hauteur de la chute: négliger l'effet de forme ici.

Essai de déduction de masse du corps

L'effet de la déduction de la masse du corps à l'essai est ressenti pour les corps dont la masse est supérieure à $1{,}5 \times 10^9$ kg.

Voir le calcul de comparaison ci-dessous, avec une précision de 1×10^{-14}, effectué avec une hauteur depuis la surface de la Terre de 100 mètres:

$g = 9{,}80800239864632$ ($m_p = 10^9 kg$)
$g = 9{,}80800239864631$ ($m_p = 1{,}5 \times 10^9 kg$).

Dans le cas de la précision 1×10^{18} (précision recherchée par la NASA), l'effet de la déduction de la masse du corps à l'essai est ressenti pour les corps dont la masse est supérieure à $7{,}0 \times 10^5$ kg.

Voir le calcul de comparaison ci-dessous, toujours effectué avec une hauteur depuis la surface de la Terre de 100 mètres:

$g = 9{,}808002398646321671$ ($m_p = 6{,}5x10^5 kg$)
$g = 9{,}808002398646321670$ ($m_p = 7{,}0x10^5 kg$).

Effet de l'attraction mutuelle mutuelle

L'effet de l'attraction mutuelle est tel que, même pour de petits angles (g <0,00003 en rad), les valeurs du couple $f_1(t)$ e $f_2(t)$, bien que égales l'un à l'autre, ont des valeurs croissantes à diminution du paramètre t (inversement proportionnelle).

Cela confirme que, lorsque la valeur totale du couple des deux masses diminue (m_{p1} + m_{p2}), la valeur correspondante de leur accélération augmente: par paires de masses plus petites, les accélérations sont plus importantes.

Effects de la forme des corps solides.

Cas a: parallélépipède (platine; bois)

J'ai considéré un parallélépipède à base carrée avec le côté «a» et la hauteur n fois le côté «a» (h = n x a), dans les deux positions possibles.
Par conséquent, la distance entre le centre de masse et la surface de la terre est:

$$a/2 \ \ e \ \ n \ x \ a/2.$$

J'ai calculé le rapport des accélérations de gravité dans les deux positions (E), avec le rayon de la Terre R_t, paramètre qui indique la variation de masse avec la variation de position:

$$E = \frac{g_2}{g_1} = \frac{\left(R_t + n \times a/2\right)^2}{\left(R_t + a/2\right)^2}$$

L'étude a été menée pour n = 2; 5; 10.

Les tableaux C.2 et C.3 indiqués montrent comment l'influence est également présente pour a = 1x10-8 ml, qui sont les dimensions des particules microscopiques.

Cas b: sphère (platine; bois)

Dans ce cas, j'ai comparé deux corps de masse égale et de forme sphérique.

La sphère de platine aura le plus petit rayon de la sphère en bois:

$$R_p < R_l.$$

La distance du centre de masse de la surface terrestre des deux sphères est:

a) sphère de platine R_p;
b) sphère de bois R_l.

J'ai calculé le rapport d'accélérations de gravité pour les deux sphères (E), avec le rayon de la Terre Rt, paramètre qui met en évidence la variation de poids lorsque le rayon des deux sphères varie:

$$E = \frac{g_2}{g_1} = \frac{\left(R_t + R_l\right)^2}{\left(R_t + R_p\right)^2}$$

L'étude a été menée pour des valeurs de masse variable de 1x10^9 kg à 1x10^{-21} kg.

Le tableau C.4 indique clairement la manière dont l'influence est présente pour la taille des particules microscopiques.

Case c: cube (platine; bois)

Dans ce cas, j'ai comparé deux corps de masse égale et de forme cubique.

Le cube de platine aura le côté le plus petit du cube de bois:

$$R_p < R_l.$$

La distance entre le centre de masse et la surface terrestre des deux cubes est valide:

a) sphère de platine R_p
b) sphère en bois R_l.

J'ai calculé le rapport d'accélérations de gravité pour les deux cubes (E), avec le rayon de la Terre R_t, paramètre qui met en évidence la variation de poids lorsque le côté des deux cubes change:

$$E = \frac{g_2}{g_1} = \frac{\left(R_t + a_l/2\right)^2}{\left(R_t + a_p/2\right)^2}$$

L'étude a été menée pour des valeurs de masse variable de 1×10^9 kg à 1×10^{-21} kg.

Le tableau C.5 montre comment l'influence est également présente sur la taille des particules microscopiques.

Cas d: cylindre équilatéral (platine; bois)

Dans ce cas, j'ai comparé deux corps de masse égale et une forme de cylindre équilatéral.

Le cylindre de platine équilatéral aura le plus petit diamètre du cylindre de bois équilatéral:

$$d_p < d_l.$$

La distance entre le centre de masse et la surface terrestre des deux cylindres équilatéraux est la suivante:

a) cylindre équilatéral de platine $d_p/2$;
b) cylindre équilatéral de bois $d_l/2$.

J'ai calculé le rapport des accélérations de gravité pour les deux cylindres équilatéraux (E), avec le rayon de la terre R_t, paramètre qui indique la variation de masse avec la variation du diamètre des deux cylindres équilatéraux:

$$E = \frac{g_2}{g_1} = \frac{\left(R_t + d_l/2\right)^2}{\left(R_t + d_p/2\right)^2}$$

L'étude a été menée pour des valeurs de masse variable de 1×10^9 kg à 1×10^{-21} kg.

Le tableau C.6 montre comment l'influence est également présente sur la taille des particules microscopiques.

Cas e: substance et forme

Dans ce cas, j'ai comparé, pour une seule substance (d'abord uniquement le platine, ensuite uniquement le bois), les formes régulières deux à deux.

Les calculs sont ceux déjà effectués précédemment, qui figurent maintenant dans les tableaux C.7, C.8 et C.9.

Cas f: le corps avec lui-même

Considérant les deux types de matériaux (platine et bois), tous les cas ont été comparés (parallélépipède, sphère, cylindre équilatéral, cube) par rapport à d = 0 et au d réel (d ≠ 0).

La variation relative (erreur) est évaluée comme le rapport entre les deux accélérations consécutives.

C'est le cas général pour lequel la masse analytique calculée, en considérant zéro la valeur de distance du centre de gravité du corps considéré, implique l'erreur maximale.

Cette erreur est plus grande dans les corps qui ont:

a) de masse égale, densité inférieure;
b) de masse égale, forme qui détermine une plus grande "dc";
c) de masse diferent, à mesure que la même masse augmente.

Je souligne que les calculs relatifs, étant déjà dans le domaine public (pour avoir été transmis à l'Institut national de physique nucléaire de Rome), peuvent être consultés sur mon site web: www.armeniasanto. Toutes les expériences réalisées sont rapportées sur ce site.

Que cherchait Isaac dans le sujet?
Isaac était convaincu que différents sujets se comportaient différemment en ce qui concerne l'inertie et la gravité: une succession d'études vaines.

Albert a finalement pu développer sa théorie dogmatique de la relativité restreinte et général.

Je ne sais pas si l'étude de la forme des corps solides est la réponse que cherchait Isaac.

Je sais et vois que cette étude change toute la physique.
Je sais et vois que cette étude, avec une nouvelle approche, contribue à la renaissance de la Philosophie Naturelle.

Remerciements

Merci à Salvatore Colombo avec qui, sans causalité, j'ai commencé mon évolution.

Merci à mon neveu Mauro Scala qui était le port de référence et de sécurité pour mon travail.

Merci à mon fils Pietro qui a rédigé les dessins.

Un merci spécial à Fabio Toscano pour sa clarté d'exposition (que je n'ai pas trouvée dans les originaux d'Einstein): les conditions de réflexion sur la théorie de la relativité général en sont dues.

Merci a Carmelo Vindigni